U0156377

恒星的诞生与毁灭

美国世界图书出版公司（World Book, Inc.）著

舒丽苹　译

机械工业出版社
CHINA MACHINE PRESS

在任何一个晴朗的夜晚，人们仰望夜空，都可以看到点点繁星。在大多数人看来，那些星星似乎是亘古不变的存在。实际上，任何一颗恒星都有其自身的寿命，要经历从诞生、成熟到毁灭这一过程。你知道恒星诞生于何处吗？知道它们是怎么诞生的吗？知道恒星的生命历程吗？恒星在毁灭之后，甚至还会导致新恒星的诞生，并且就此开启了另外一段"诞生"至"毁灭"的全新循环，这是不是很神奇？打开本书，一起探索恒星神奇的生命之旅。

北京市版权局著作权合同登记　图字：01−2019−2311号。

图书在版编目（CIP）数据

恒星的诞生与毁灭 / 美国世界图书出版公司著；舒丽苹译 . —北京：机械工业出版社，2019.6（2024.1 重印）
书名原文：Stars—Birth and Death
ISBN 978−7−111−63225−2

Ⅰ. ①恒…　Ⅱ. ①美…②舒…　Ⅲ. ①恒星 – 青少年读物　Ⅳ. ①P152−49

中国版本图书馆 CIP 数据核字（2019）第 143010 号

机械工业出版社（北京市百万庄大街22号　邮政编码100037）
策划编辑：赵　屹　责任编辑：赵　屹　韩沫言
责任校对：孙丽萍　责任印制：孙　炜
北京利丰雅高长城印刷有限公司印刷
2024年1月第1版第11次印刷
203mm×254mm·4印张·2插页·56千字
标准书号：ISBN 978−7−111−63225−2
定价：49.00元

电话服务　　　　　　网络服务
客服电话：010−88361066　机 工 官 网：www.cmpbook.com
　　　　　010−88379833　机 工 官 博：weibo.com/cmp1952
　　　　　010−68326294　金 书 网：www.golden-book.com
封底无防伪标均为盗版　机工教育服务网：www.cmpedu.com

目 录

序

作为一名在天文领域从事研究二十余年的天文科研人员而言，很高兴近些年有很多不错的天文学作品出现，我一直关注这些作品，特别是科普作品。在过去的几年当中，也做了一些关于天文领域的科普宣传，很高兴能为天文学的科普事业做些事，如今受机械工业出版社的编辑邀请，为这套天文书写推荐序，我感到十分荣幸。

德国的伟大哲学家康德曾经说过："有两种东西，我对它们的思考越是深沉和持久，它们在我心灵中唤起的惊奇和敬畏就会日新月异，不断增长，这就是我头上的星空和心中的道德定律。"我以前碰到过一个资深的国际知名学术期刊的编辑，他说自己曾经做过统计，90%的小朋友对于两样事物很感兴趣，那就是星空和恐龙。无论对于成人还是孩子，了解星空的奥秘可以说是人类心中最原始的一种愿望。

这是一套包含了天文基本知识介绍并且图文并茂的书籍，从最想了解的宇宙知识到银河、再到恒星以及它们的故事，比如宇宙有多大？宇宙是如何产生的？望远镜可以看多远？什么是暗能量？什么是暗物质？等等。凡是我们通常有的疑问，几乎都可以在这套天文书中找到答案。

回想我自己对天文知识的学习，其实还是蛮不易的。小时候同其他的小朋友一样，对于天文很感兴趣，但是在书籍匮乏和经济落后的西北小镇，几乎没有太多的渠道获取最新的天文知识，听到的时常是各种科学谣言，也就是一些天文学名词外加编造出来的故事，很多时候，这些发生在天体当中的事情被说得玄而又玄。在这种情况下，我对天文学的兴趣还能保留下来，之后还考入南京大学系统学习天文学，现在想来着实不易。看了这套书，我时常在想，如果我能够像现在的孩子一样，在我最想了解星空的时候，拥有一套类似这样的天文书，将是何等幸福和满足，在愿望最强烈的时候得到科学的指引，也许能碰撞出更不一样的火花。愿这套书籍能够在读者最想了解星空的时候，帮助读者解答心中的疑惑，坚定理想，对未来充满希望。

尽管这套书针对的读者对象是青少年，不过对于那些同样对星空充满好奇心的成人而言，这套书也是非常不错的选择，是一套可以用来入门的轻松的天文读物，是可以家庭共享的一套书籍。

好书是良师更是益友，希望读者能够开卷受益。

苟利军
中国科学院国家天文台研究员
中国科学院大学天文学教授
《中国国家天文》杂志执行总编

前言

在任何一个晴朗的夜晚，人们仰望夜空，都可以看到点点繁星。在大多数人看来，那些星星似乎是亘古不变的存在。不过，如果我们能够看到10亿年后的夜空，那么大家就会惊讶地发现，某些星星已经销声匿迹，而另外一些全新的星星，将在之前黑暗的空域中闪耀起来。

实际上，任何一颗恒星都有其自身的寿命周期；与地球上生物相似的是，恒星同样要经历从诞生、成熟到毁灭这一过程。与地球上生物不同的是，恒星诞生和毁灭的形式，直接取决于有多少燃料可以供其发光、发热。体积较小的恒星，它们在燃料消耗殆尽之后，其"灰烬"只会漂浮在黑暗、浩瀚的宇宙当中；而体积最大的一类恒星，则能够在"寿终正寝"时展现出它们令人震惊的"暴力"属性，这一类恒星的残骸，为宇宙注入了重元素，甚至包括那些生命所必需的物质。它们在毁灭的过程中释放的冲击波，甚至还会导致新恒星的诞生，并且就此开启另外一段从"诞生"至"毁灭"的全新循环。

　　如图所示，在猎户星云中，数百颗新生恒星围绕着四颗大质量恒星（中心位置）。值得关注的是，这四颗大质量恒星的亮度，都超过了太阳的10万倍以上。这张伪色图像，是科研工作者通过哈勃空间望远镜、斯皮策空间望远镜所采集到的红外线、紫外线、可见光数据制作而成的。

人类所熟知的太阳就是一颗恒星，它能够为太阳系中的所有天体提供光和热量。如果没有太阳提供的光和热量，那么地球上的所有生命都无法继续生存下去。

恒星的体积、颜色和亮度各不相同。有些恒星比太阳还要亮成百上千倍，这一类恒星能够发射出耀眼的蓝色光芒；也有一部分恒星的亮度只能达到太阳的一小部分，这一类恒星发射出暗红色的光芒。

恒星内部是怎样的呢？

在自身寿命的绝大多数时间里，恒星都是由一种叫作等离子体的物质构成的。等离子体的温度非常高，呈现出类似于气体的形态。在绝大多数恒星内部，都没有固态物质存在，强大的等离子体在其内部占据着统治性的地位。在恒星内部的中心位置上，核心被包围在其外部的所有等离子体的巨大压力所压碎。核心的温度高得令人难以置信，在那里，任何金属都会瞬间熔化。

阳光是核聚变反应的产物

原子是化学反应中的最小粒子。然而恒星核心内部的环境无比恶劣，在那里，所有的原子都会被压碎、混合在一起，原子核之间相互碰撞，进而形成全新的、质量更大的原子核，这一过程被称为核聚变反应。恒星之所以能够释放出巨大的能量，最重要的原因是其核心内部发生的核聚变反应能够为其提供巨大的能量。你每天感受到的阳光，便是太阳深处核心内部核聚变反应的产物。

恒星诞生于由尘埃和气体构成的星云当中，本图所示是位于心大星附近的星云。

地球
（理解地球与恒星之间的体积差距）

恒星比任何行星都要大许多。要想填满太阳所占据的宇宙空间体积，需要100万个地球才行。

你知道吗？

地球上所有海滩中沙粒的总和，都不如宇宙中的恒星数目多。我们所处的银河系便包含数千亿颗恒星；而整个宇宙则包含数万亿个银河系这个级别的星系。

恒星是"万寿无疆"的吗？

核聚变发动机

在绝大多数人看来，恒星似乎是亘古不变的存在。这是因为，绝大多数人的寿命都不到100年，而大多数恒星则已经存在了数十亿年之久。只要它还拥有足够多的"燃料"来维持核聚变反应，那么恒星就会一直保持稳定的状态。相对而言，年轻的恒星主要是由原子量最小的化学元素——氢元素所构成的，氢便是这一类恒星最初的"燃料"。具体来说，通过核聚变反应，氢元素将融合并形成一种原子量稍大的化学元素——氦元素，这一过程能够产生能量。在该恒星耗尽了所有的氢元素之后，它就必须开始将氦元素转化成为碳、氧等原子量更大的化学元素。

恒星的"老龄化"

在接近自身寿命的尾声阶段，恒星将经历一系列巨大的变化。随着核聚变反应的进行，原子量相对较大的化学元素越来越多，这将会导致该恒星变得越来越不稳定。最终，恒星会变成一颗红巨星或者红超巨星，它会像一个红色的气球那样膨胀起来。质量相对较小的恒星，会在它们寿命的尾声阶段逐渐剥离自己的外层物质，仅仅留下一个虽然体

你知道吗？

科学家们认为，名为HE0107-5240的恒星是银河系中最为古老的恒星之一。据估计，HE0107-5240已经度过了约130亿年的漫长岁月，它几乎和宇宙本身一样古老。

当一颗恒星进入到其寿命的尾声阶段时，它有可能会剥离其外层气体，从而产生出五彩斑斓的气体流。本图所示是蝴蝶星云的气体流。

恒星也不是"万寿无疆"的。不过，绝大多数恒星的寿命，都可以达到数十亿年之久。

积不大但温度较高的核心，我们将其称为白矮星。至于质量更大的恒星，则有可能会因为剧烈的超新星爆发而"死亡"。

太阳正处在自己的"中年"阶段

科学家们坚信，太阳诞生于大约46亿年之前，它的寿命至少还有50亿年。换句话说，太阳目前正处在其"中年"阶段。到了太阳寿命的尾声阶段，它会膨胀成为一个巨大的红色光球，并且将会把太阳系内的行星烧成灰烬，届时恐怕人类所处的地球也难逃这一厄运。最终，太阳将会变成一颗白矮星，而太阳系则将彻底消失。再过数十亿年，由太阳变成的那颗白矮星将会逐渐冷却，随后它会变成一颗黑矮星。到那时，一颗曾经辉煌无比、能量无限的恒星，将仅剩下一些暗淡无光的黑色残余……

当接近自身寿命的尾声阶段时，恒星将会变得更加明亮，在颜色上也会变得更红。

根据大爆炸理论，最初整个宇宙的体积只有一个"点"那么大。到了距今大约138亿年前，宇宙发生了大爆炸，随后它便开始了自己不断膨胀的过程。实际上，时至今日，宇宙依然处在不断膨胀的过程当中。

恒星的诞生

最初，宇宙中充满了能量，随着它的不断膨胀，第一批化学元素开始形成。当时，宇宙中的绝大多数化学元素都是氢元素，它们稀薄地分布在整个宇宙空间当中。不过，当时的宇宙中存在着一些团、块，而氢元素逐渐聚集、浓缩于这些团、块的表面，并且最终以这样的形式诞生出了第一代恒星。

"我们身上的'原材料'，都来自于恒星"

通过核聚变反应，第一代恒星内部产生了包括碳、氧在内的多种原子量更大的化学元素。绝大多数的第一代恒星在寿命的尾声阶段都发生了爆炸，这些爆炸过程将其内部所包含的一系列恒星诞生所必需的化学元素都抛向了宇宙。这些

这是一张由哈勃空间望远镜通过可见光拍摄到的照片，照片中的"主人公"，是一系列迄今为止人类所发现的最为古老、最为遥远的星系。对于天文学家们来说，这些星系的外形、颜色都不陌生，不过它们的确都是最新被发现的星系。科学家们认为，这张照片中的某些星系，形成于宇宙大爆炸之后的最初10亿年。

科学家们坚信宇宙起源于大爆炸。而在大爆炸发生的大约2亿年后，第一代恒星得以诞生，它们都是由大爆炸产生的炽热气体所形成的。

绝大多数科学家都坚定地认为，宇宙起源于138亿年前发生的大爆炸。在大爆炸发生大约2亿年后，第一代恒星得以诞生。

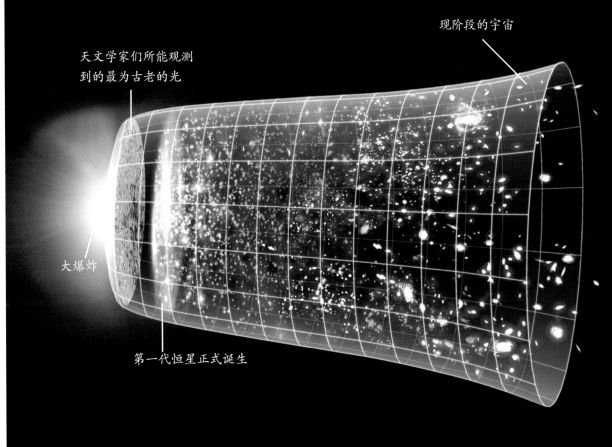

现阶段的宇宙

天文学家们所能观测到的最为古老的光

大爆炸

第一代恒星正式诞生

化学元素相互靠近并逐渐形成了尘埃和气体，继而进一步诞生出了新一代的恒星，而太阳便是其中的一个。

在地球上，与其他化学元素相比，氢元素的含量是相对比较低的，这是一个不错的结果。众所周知，如果没有碳、氧这类化学元素，生命是根本不可能存在的。

我们必须感谢第一代恒星，因为它们向宇宙空间释放出碳、氧这类原子量比较大的化学元素。总而言之，构成生物体的绝大多数化学元素，都是在恒星当中形成的，这一切正如美国天文学家卡尔·萨根所说的那样，"我们身上的'原材料'，都来自于恒星。"

关注 恒星的超长寿命

这是由哈勃空间望远镜所拍摄到的NGC 3603星云图像，本图展示出了恒星在其漫长寿命当中的不同阶段。如图所示，气体云（右侧）正在坍缩，接下来它们将诞生出新的恒星。明亮、炽热的蓝色恒星（中间）驱散了其附近区域的物质，这直接终结了附近区域恒星形成的过程。蓝色的超巨星Sher 25（左上）正在释放出大量的气体。科学家们坚信质量达到了太阳质量60倍之多的Sher 25，在未来数千年的时间里，它极有可能经历超新星爆发，其释放出来的那些气体，很有可能会有朝一日成为某颗新生恒星的一部分。

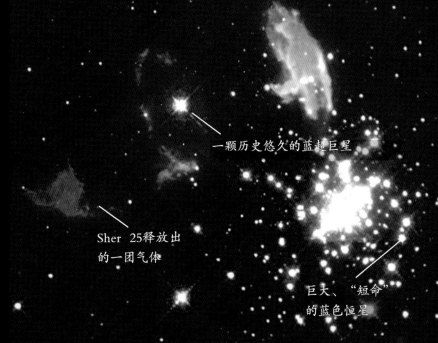

一颗历史悠久的蓝超巨星

Sher 25释放出的一团气体

巨大、"短命"的蓝色恒星

在星云内部，尘埃和气体构成的团、块最终有可能诞生出一颗新恒星。随着时间的推移，这些团、块将凭借其越来越大的引力吸附到更多的物质，直至形成一个发光、炽热的天体，我们将这一类天体称为原恒星。当原恒星内部的核心开始发生核聚变反应时，它就变成了一颗金牛座T型星。而在一颗新恒星正式"出炉"之后，它会抛弃自己周围的大量物质，而被其抛弃的某些物质，有可能会聚集成块，我们将这一类天体称为微行星。随着恒星的逐渐成熟，微行星之间也有可能会相互结合，并最终形成真正意义上的行星。

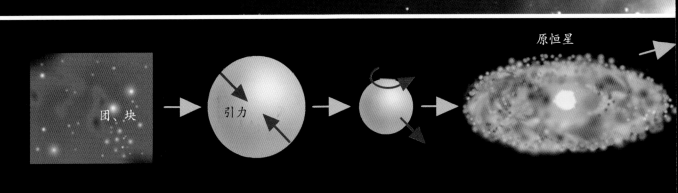

原恒星

团、块 → 引力 →

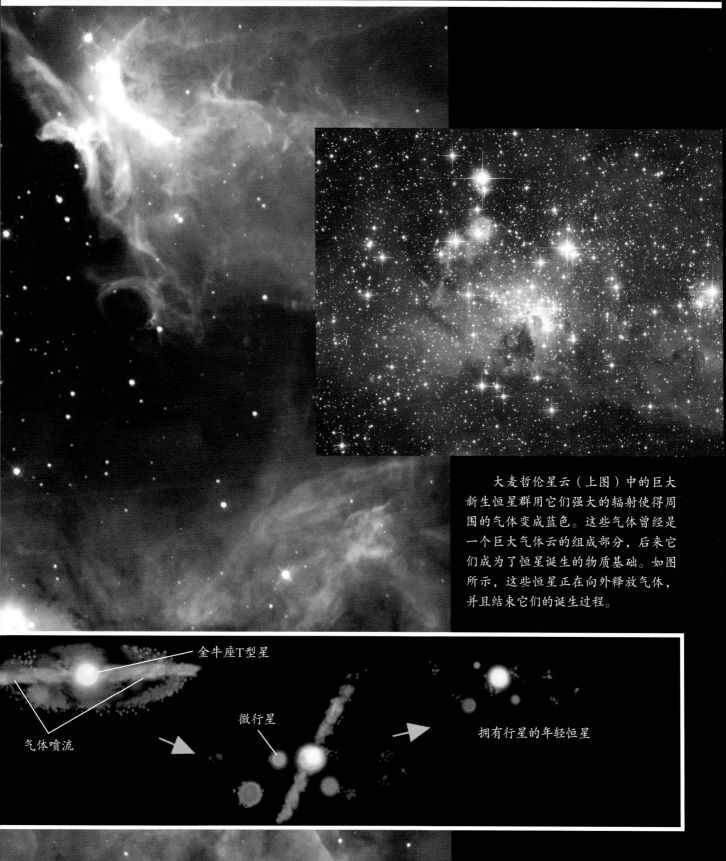

大麦哲伦星云（上图）中的巨大新生恒星群用它们强大的辐射使得周围的气体变成蓝色。这些气体曾经是一个巨大气体云的组成部分，后来它们成为了恒星诞生的物质基础。如图所示，这些恒星正在向外释放气体，并且结束它们的诞生过程。

金牛座T型星

气体喷流

微行星

拥有行星的年轻恒星

15

只要仰望晴朗的夜空，你就能够看到很多微小的光点，它们就是恒星或者行星。如果借助天文望远镜来观测星空的话，我们也会观测到类似于"云朵"的模糊斑点。天文学家已经能够确定，那些"云朵"是由大量的尘埃和气体构成的，我们将其称为星云。

恒星的"育儿所"

绝大多数恒星都是在星云中诞生出来的。当某些天体发生爆炸或者其他扰动产生的巨大冲击波穿过星云时，恒星便开始形成了。这是因为，天体爆炸等扰动，会使得尘埃和气体聚集在一起。经过数百万年的漫长岁月后，尘埃和气体可能会坍缩成为一个球状天体，进而形成一颗闪亮的恒星。一部分星云内部含有足够多的尘埃和气体，其内部足以产生10万颗像太阳一般大小的恒星。在猎户星云这样著名的"恒星摇篮"里，我们可以观测到数千颗刚刚诞生不久的新恒星。

银河系中的新生恒星

2006年，科学家们通过一个宇宙空间天文台来观测银河系内某些富含以一种特定形式存在的铝元素的空域。在某颗大质量恒星爆炸变成超新星的过程中，会形成这样的铝元素。根据取得的观测结果，科学家们预测，银河系内每年大约会有7颗新恒星诞生。

如图所示，这是一些由气态铁元素所构成的炽热球体，它们依然处在不断成长的过程中。科学家们将这些炽热的球体称为猎户座子弹，它们正在以每秒钟400公里的速度从猎户星云中射出。目前，天文学家们已经将猎户座子弹从猎户星云中射出这一事实，与一个导致一系列大质量恒星形成的未知事件联系在了一起。

恒星诞生于星云，星云是由尘埃和气体所共同构成的。

在18世纪，法国天文学家查尔斯·梅西耶创造出了最早的星云目录之一。

这是一张由哈勃空间望远镜所拍摄到的照片。如图所示，在猎户星云中，新生恒星被尘埃和气体盘所包围。

是否存在不同类型的星云？

星云是由大量尘埃和气体构成的。不过可以肯定的是，并非所有的星云都是一模一样的。

真实星云

以发光类型来划分，星云包括三种不同的类型，分别为发射星云、反射星云以及暗星云。

发射星云的发光形式、特点类似于荧光灯，这种类型的星云之所以能够发光，是因为它们都靠近一颗非常炽热、亮度极高的恒星，该恒星所释放出的电磁辐射使得星云内部的气体可以发光。电磁辐射包括可见光和不可见光的全部波长范围。人类肉眼可以看到可见光，不过诸如红外线、紫外线、X射线等形式的光，对于人类肉眼来说都是不可见光。

与发射星云相比，反射星云"发出"的光相对来说要暗淡一些。通常情况下，反射星云都存在于一颗体积较小、温度较低的恒星附近，该恒星释放出的电磁辐射，并不足以使得星云内部的气体发光。然而，星云内部的尘埃粒子，能够反射恒星所发出的光。因此，虽然反射星云也能"发光"，但它的光相对暗淡一些。

如果某个星云附近没有距离足够近的恒星，那么该星云就无法发光，这一类星云也因此被称为暗星云。值得关注的是，一个暗星云甚至有可能会遮挡其背后恒星发出的光，直接导致宇宙空间中出现一个黑色的斑块。

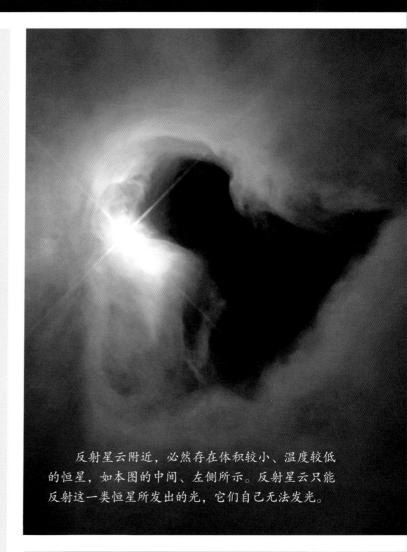

反射星云附近，必然存在体积较小、温度较低的恒星，如本图的中间、左侧所示。反射星云只能反射这一类恒星所发出的光，它们自己无法发光。

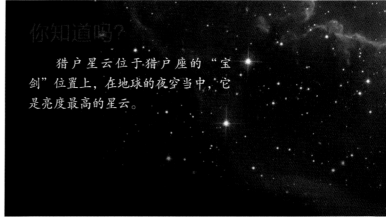

你知道吗？

猎户星云位于猎户座的"宝剑"位置上，在地球的夜空当中，它是亮度最高的星云。

行星状星云——恒星的遗骸

　　行星状星云不同于真实星云，这一类星云体积通常比较小，外形呈圆形。当一颗行将"寿终正寝"的恒星开始坍缩并且逐渐剥离其大气的外层物质时，就会形成一个行星状星云。随着时间的推移，这些被恒星剥离的物质会逐渐扩散，从而形成星云，而那颗行将"寿终正寝"的恒星的炽热核心，则能够使星云发光。

　　早期的天文学家们曾认为，这一类星云看起来与行星极为相似，因此将其命名为行星状星云。当然，现在我们都已经清楚，实际上这一类星云与行星毫无关联。然而即便如此，天文学家依然使用行星状星云这样一个传统的名称来称呼它们。

暗星云能够遮挡光线，并且因此在宇宙空间中形成暗斑。

发射星云的发光形式与荧光灯极为类似，由于受到附近明亮恒星的辐射，这一类星云中的气体被激发，从而发光。

星云——宇宙中的"云朵"

旋镖星云（背景图片）位于半人马座，它距离地球大约5000光年。旋镖星云中心区域的恒星不断释放出大量的气体，其气体释放量达到了太阳质量的1.5倍。众所周知，当一颗恒星进入其寿命的尾声阶段时，它可能会剥离自己大气的外层物质。

女巫头星云的正式名称为IC 2118，天文学家们在猎户座附近发现了它。女巫头星云中微小的尘埃颗粒能够反射亮度极高的参宿七（上图中心位置）所发出的蓝光。参宿七是猎户座脚部位置的恒星之一，其亮度能够达到太阳的4万倍。在参宿七寿命的尾声阶段，它可能会发生爆炸，而爆炸产生的巨大冲击波，将导致女巫头星云中的尘埃和气体彻底坍缩，并进一步诞生出新恒星。

如图所示的，是鹰状星云所释放出的，长达数光年的巨大的尘埃气体柱。科学家们将这些尘埃气体柱命名为创生之柱，因为它们内部充满了新生恒星。

这是鹰状星云所释放出来的尘埃气体柱的近距离图像。明亮的恒星究竟是如何使星云中的气体发光的呢？这张图像给我们提供了答案。

恒星是如何形成的？

绝大多数恒星都是由星云内部的物质（尘埃、气体）形成的。星云中的尘埃和气体通常分布得非常稀薄，而且它们的温度都比较低。一个星云有可能会在相当长的一段时间内保持寒冷、黑暗的状态，这个时间有可能是数百万年，甚至有可能达到数十亿年。

恒星毁灭，新星诞生

当大质量恒星毁灭时，它们会爆炸变成一颗超新星，同时向外释放出足以穿透宇宙空间的巨大冲击波。如果冲击波或者是其他类型的扰动穿透星云的话，那么恒星诞生的漫长过程极有可能会就此开始。当冲击波（或者扰动）穿透星云中的尘埃和气体时，它能将这些物质压缩在一起，并且形成致密的"口袋"，随后引力作用很快就能将"口袋"里物质之间的距离拉得更近。接下来，在有限的空间内，所有尘埃和气体都聚集在中央区域，那里便将成为一颗新恒星的诞生之地。

一个保持旋转状态的发光球体

随着聚集到中央区域的物质越来越多，尘埃和气体

来自于明亮恒星的辐射，可以将尘埃、气体压缩在一起，并最终形成那些可以在随后演变、发展成为新生恒星的团块。

图中最右侧是行将"寿终正寝"的红巨星米拉，它在银河系中疾驰而过，其身后拖着一条尾巴，那条尾巴是由尘埃和气体喷流所构成的，长度达到了13光年。值得注意的是，米拉尾巴上密集的团块，有朝一日极有可能形成新的恒星。

一颗新生恒星，始自于由星云中尘埃和气体聚集而成的一个巨大的、可以旋转的球体。

开始旋转，而它们的旋转也会使得中心区域不断成长的球体开始旋转。当中心区域将内部的物质压缩得更加紧密时，它的旋转速度就会变得更快，就好比一位花样滑冰运动员将自己的胳膊收得越紧，她的旋转速度也就越快。

质量指的是物体中所含物质的量，一个物体的引力场强度与其质量直接相关。因此，随着中心球体质量的增加，其引力场也就变得越来越强，这直接导致其内部的物质被压缩得更加紧密。换言之，更强的引力场增大了中心球体的密度，与此同时，中心球体内部的压力和温度也会相应增加/上升。值得关注的是，中心球体的周围依然覆盖着厚厚的尘埃和气体，这在一定程度上起到了"保温"的作用，使中心球体内部的热量很难辐射到宇宙空间中，因此其温度进一步升高。最终，中心球体不再收缩，开始向外释放出热量。在这一过程结束之后，之前那个曾经被尘埃和气体覆盖的区域，现在出现了一个发光的旋转球体，我们将这个球体称为原恒星。

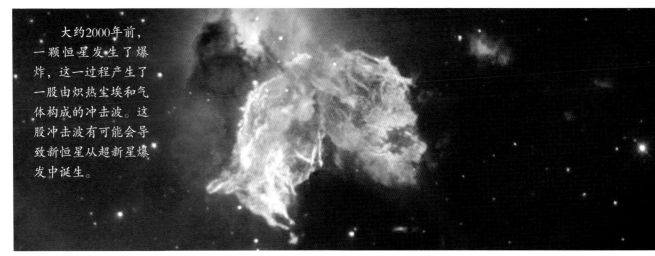

大约2000年前，一颗恒星发生了爆炸，这一过程产生了一股由炽热尘埃和气体构成的冲击波。这股冲击波有可能会导致新恒星从超新星爆发中诞生。

什么是原恒星？

在星云中的物质形成一个球体之后，尘埃和气体继续向它聚集。当该球体内部由于逐渐增加的热量所产生的压力足以抵抗球体发生进一步收缩的时候，它就变成了一颗原恒星。

向内旋转

在星云内部，尘埃和气体开始旋转、收缩，并最终形成原恒星的这一过程，通常需要10万年左右的时间。刚刚形成的原恒星温度非常高，其表面温度能够达到约3727摄氏度。要知道，形成原恒星的那些尘埃和气体之前分布在星云中时只有约-263.15摄氏度。

尽管原恒星已经变成了一个稳定的天体，然而它依然在质量增加的同时继续收缩。在这个过程中，原恒星周围的尘埃和气体，会形成一个盘状结构，该结构持续不断地向内旋转，继续给原恒星的成长提供必要的物质。科学家们将这个盘状结构称为吸积盘。在原恒星的成长过程中，其质量在通常情况下会翻倍、再翻倍；而吸积盘内的某些物质，最终会变成行星、彗星，以及那些围绕新恒星运动的小行星。

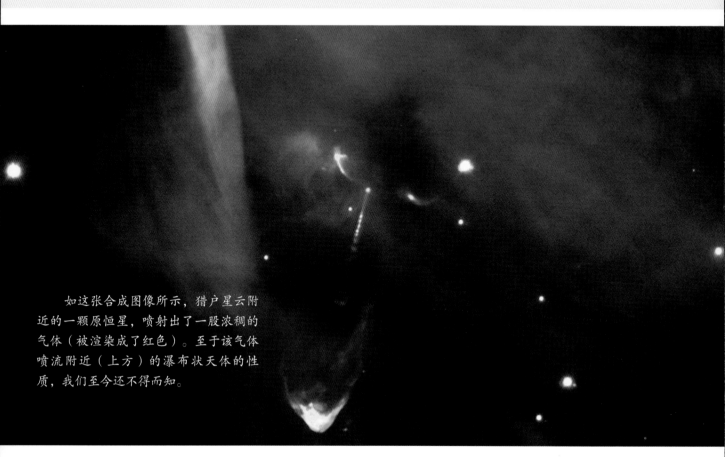

如这张合成图像所示，猎户星云附近的一颗原恒星，喷射出了一股浓稠的气体（被渲染成了红色）。至于该气体喷流附近（上方）的瀑布状天体的性质，我们至今还不得而知。

原恒星是一个炽热、发光的气体球，这是恒星在诞生之前的最后一个阶段。

喷流

原恒星

原行星盘

喷流

这是一幅由艺术家创作的插图。如图所示，原恒星从其两极上的尘埃层（上图）喷射出炽热、纤细的带电粒子流。值得关注的是，这些喷流的飞行速度能够达到每小时数千英里，它们在宇宙空间中可能会绵延数万亿英里。这一类的喷流，是由于原行星盘内部与原恒星磁场的相互摩擦而形成的。

如图所示，一颗原恒星、行星盘及其标志性的喷流（上图），从猎户星云的尘埃/气体层中浮现出来。到了这个阶段，行星盘内部、以及尘埃/气体层中的很多物质，要么已经被吸附到了原恒星内部，要么就已经被喷流吹散到无尽的宇宙中了。

原恒星如何才能变成一颗真正意义上的恒星?

那么，在原恒星形成之后，它又会如何发展呢？原恒星的最终"归宿"直接取决于它的质量。一颗质量比较小的原恒星无法变成一颗真正意义上的恒星，它最终只会变成一颗褐矮星。简单地说，褐矮星可以被视为"大行星"与"小恒星"之间的一个"中间体"。

恒星的诞生

只有那些质量足够大的原恒星，才会继续成长、并最终变成一颗真正意义上的恒星。当原恒星的核心温度达到近1000万摄氏度时，氢元素开始发生核聚变反应，这一刻也就标志着一颗新恒星的正式诞生。核聚变反应能够释放出巨大的能量，因此恒星才会发射出明亮的光芒，同时释放出可见以及不可见的电磁辐射。从原恒

金牛座附近存在一个新生的双星系统，科学家们将其称为金牛座T型星。目前，研究人员用这个名字来命名所有类似的年轻恒星。据估计，恒星中心区域的温度将变得足够高，并且能够在未来数百年内发生核聚变反应。

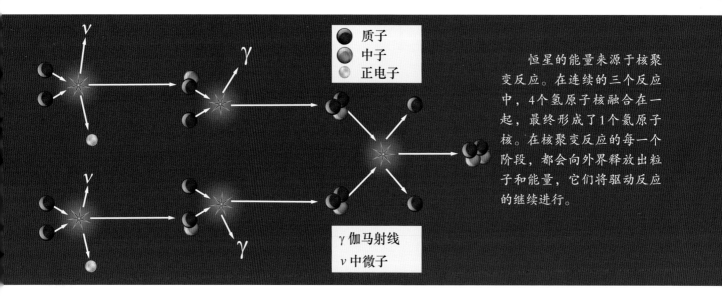

●	质子
●	中子
○	正电子

γ 伽马射线
ν 中微子

恒星的能量来源于核聚变反应。在连续的三个反应中，4个氢原子核融合在一起，最终形成了1个氦原子核。在核聚变反应的每一个阶段，都会向外界释放出粒子和能量，它们将驱动反应的继续进行。

当原恒星的核心变得足够炽热，并且足以支撑核聚变反应所需要的能量时，它就将变成一颗真正意义上的恒星。

星的形成到真正意义上恒星的诞生，同样需要数百万年的漫长时间。

恒星风以及两股喷流

新生恒星被称为金牛座T型星，它已经可以开始产生恒星风。恒星风是由从恒星大气中喷射出来的高能粒子所构成的。在最终变成一颗真正意义上的恒星之后，恒星所释放出来的辐射与恒星风一道将自身周围吸积盘内剩余的尘埃和气体吹散。在绝大多数情况下，吸积盘将会把恒星风导入两股喷流，每股喷流都与吸积盘成90°角。

在接下来的大约1000万年时间里，金牛座T型星继续收缩，直到其中心位置的核聚变反应所产生的能量足以平衡引力带给它的收缩效应时，它才会停止收缩。到此为止，金牛座T型星中心位置的氢元素核聚变反应为其成长提供了所有的能量。至此，该恒星已经达到了一个全新的阶段：主序阶段。

如图所示，新生恒星LL Ori的恒星风在猎户星云的气体中产生了弓形冲击波（冲击波的一种类型）。恒星风吹散了气体，从而阻止了新生恒星LL Ori的进一步成长。

什么是主序星?

恒星之间,其表面温度、亮度、颜色、体积大小以及其他因素方面的差异都非常大。值得注意的是,虽然恒星之间存在着这样或者那样的诸多差异,但是绝大多数恒星都处在主序上,这类恒星被称为主序星。主序星所产生的能量,全部来自于其核心内部氢元素的核聚变反应。对于一颗恒星来说,它要在主序上度过自身寿命中漫长的中间阶段。

赫罗图

为了更加直观地分析、研究恒星光度与表面温度的联系,天文学家们创造出了一个图表,并将之命名为赫茨普龙-罗素图表,简称为赫罗图。在赫罗图的帮助下,我们就能够理解天文学家到底是如何对恒星进行分类的了。具体来说,光度(即亮度)被标注在左侧的垂直刻度线上,表面温度则被标注在底部的水平刻度线上。

对于那些主要由氢元素构成核心的恒星来说,其表面温度与亮度是直接相关的:表面温度越高,其亮度越高。如图所示,在主序上,左上角区域的主序星是表面温度最高、亮度也最高的恒星;而位于右下角区域的恒星,则是表面温度最低、亮度也最低的恒星。

太阳也是一颗主序星,只有当其耗尽核心内的所有氢元素之后,它才会脱离主序。

脱离主序

在自身寿命的早期和尾声这两个阶段,恒星不会通过其核心内部氢元素的核聚变反应来产生能量,在这两个阶段,该恒星并不处在主序上。在赫罗图上,白矮星位于左下角区域,虽然这一类天体的表面温度依然非常高,然而它们的亮度却很低。红巨星、红超巨星则位于赫罗图的右上角区域,虽然这一类天体的亮度非常高,然而它们的表面温度却比较低。

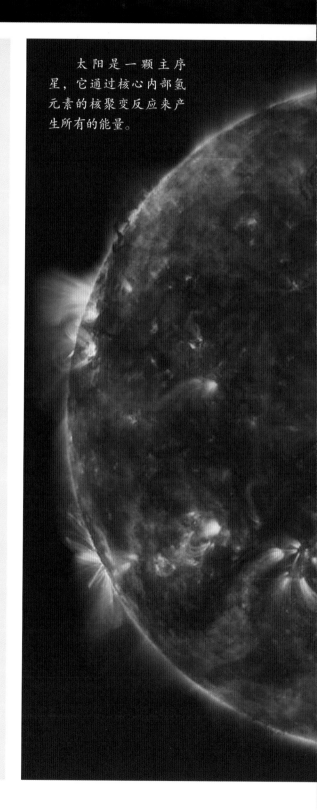

太阳是一颗主序星,它通过核心内部氢元素的核聚变反应来产生所有的能量。

主序星的所有能量，都是由核心内氢元素的核聚变反应来产生的。当一颗恒星处于主序阶段时，它也正处于自身寿命的中间阶段。

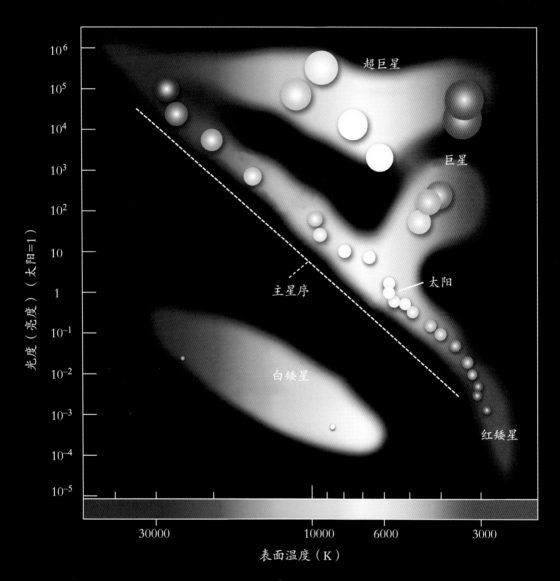

从根据恒星的光度以及表面温度绘制出的赫罗图中我们可以看出，大约有90%的恒星都落在了一条大致呈对角线的区域附近，该对角线从低亮度/低表面温度区域延伸至高亮度/高表面温度区域。天文学家将这条呈对角线的斜向恒星带称为主序。在主序范围内，恒星的亮度、质量通常随其表面温度的升高而增加；换句话说，质量更大的主序恒星，其表面温度更高，同时它所释放出来的能量，也比质量偏小的主序恒星要来得更大。

这是一张由哈勃空间望远镜所拍摄到的照片。如图所示，在猎户星云中的四颗年轻恒星周围，围绕着尘埃和气体盘。有朝一日，在那些尘埃和气体盘中有可能会产生出行星。

并非所有的恒星都有自己的行星。但天文学家坚信许多恒星都有自己的行星。目前，天文学家们已经开始着手寻觅那些围绕遥远恒星进行轨道运动的行星了。

天文学家们已经发现了数以千计的系外行星（围绕除太阳之外恒星运行的行星）。这是一张由艺术家创作的插图，图中有一颗体积很大的行星正在围绕着距离地球大约有20光年的红矮星VB 10进行轨道运动。而该行星的大小与太阳系的木星相仿。不过值得关注的是，该行星与中心恒星VB10的距离，要比木星与太阳之间的距离近得多。

人类非常了解太阳以及太阳系。总共有8颗行星围绕着太阳进行轨道运动；与此同时，还有数百万其他类型的、体积偏小的天体，比如说矮行星、小行星以及彗星，也在围绕太阳进行有规律的运动。毫无疑问，地球是人类最为了解的行星。

一直以来，科学家们一直都在试图回答这样的一个问题：除了太阳之外，其他恒星是否也有自己的行星系统？这个问题也可以衍生出另外一个问题：在远离地球的某个未知世界里，是否也有生命的存在？

恒星之间的距离往往都是无比遥远的，因此寻找另外一颗恒星的行星，是一项无比艰难的任务。众所周知，行星的体积要明显小于恒星，同时它只能反射恒星所发出光芒的一小部分。截止到20世纪80年代，天文学家们依然还拿不出系外行星真正存在的确凿证据。也就是说，当时的人类还无法证明，太阳系以外存在其他行星。

寻觅系外行星的踪迹

到了20世纪90年代，天文学家借助了更具威力的天文望远镜，以及运算速度更快、处理数据量更大的计算机来寻觅遥远恒星周围的行星。

天文学家们已经先后发现了超过4000颗系外行星。迄今为止，天文学家所发现的绝大多数系外行星，都是大型的气态行星，它们与太阳系内的木星极为相似。不过值得关注的是，与木星距离太阳的7.78亿公里相比，系外行星距离它们的恒星要近得多。正如人类所预期的那样，这些行星上都不太可能有生命的存在。当然，系外行星绝对不可能都是这一类温度奇高的"大家伙"，科学家们之所以最先发现的都是这一类的行星，最主要是因为它们距离中心恒星更近且体积更大，相对而言最容易被发现。随着时间的推移，科学家们肯定有机会寻觅到很多类似于地球结构的岩质行星。

主序星之所以能够发光，是因为其核心内部的氢元素持之以恒地进行核聚变反应。只有内部温度极高的恒星，才能进行核聚变反应，这也就要求该恒星必须要具备足够大的质量。而褐矮星并不具备足以支撑核聚变反应发生的质量。

"进阶失败"的原恒星

有一类原恒星，由于始终无法聚集到足够大的质量，以至于它们永远都没有机会变成真正意义上的恒星。在聚集尘埃和气体的过程中，这一类原恒星同样也会达到极高的温度，甚至还有可能会发光，然而它们没有足够大的质量来维持核聚变反应的进行。最终，这些原恒星的温度降低、亮度下降，科学家们将这一类"进阶"恒星失败的天体，称为褐矮星。

褐矮星："大行星"与"小恒星"之间的"中间体"

科学家们坚信绝大多数褐矮星的体积与太阳系内体积最大的行星——木星——相仿。木星的直径达到了地球的11倍，而褐矮星的体积级别也大致如此。当然，褐矮星的质量能够达到木星的13~75倍，换句话说，前者的密度要远大于太阳系内最大的行星。

褐矮星很难被天文学家所发现，这是因为它们的亮度实在太低了。与行星类似，褐矮星也只能反射一部分附近恒星所发射出的光芒，由于其反射光强度相当微弱，因此通常都会被恒星发射出的光芒所掩盖。实际上，直到1995年天文学家才真正确认，他们的确是发现了一颗褐矮星。尽管如此，科学家们依然普遍认为，宇宙中褐矮星的数目与恒星的数目大体相当，若果真如此，那么宇宙中应该会存在着数万亿颗褐矮星。

如图所示，双星系统中的两颗褐矮星（图中左上角的绿点）正在围绕着一颗类日恒星进行运转。那两颗褐矮星的质量总和，也只有太阳质量的11%。

太阳

小质量恒星

褐矮星

木星

　　褐矮星的体积与木星大体相仿，但是这一类天体的质量，却能够达到木星质量的13~75倍。褐矮星的表面温度，要比太阳的表面温度低3000摄氏度左右。

地球

恒星如何结束自己的生命历程？

变成一颗"巨星"

当一颗恒星将其核心内部的所有氢元素都转化成为氦元素的时候，它就会发生某些剧烈的变化。这是因为，只有在更高的温度条件下，核聚变反应才能将氦元素转化成为原子量更大的化学元素。当核心内部的氢元素核聚变反应释放的能量不足以维持恒星辐射的损失时，整个恒星开始坍缩，这一过程将导致恒星内部的温度急剧上升。

随着恒星内部温度的升高，氢元素的核聚变反应开始在核心外围的一层薄壳中进行，这种核聚变反应所产生的能量，甚至要比之前在核心内部进行的核聚变反应所产生的能量更高。在巨大超额能量的"驱动"下，恒星的外层转而开始膨胀，其体积变得比之前更大。随着恒星的膨胀，其外层温度会骤然下降，这种温度的改变，使得整个恒星开始呈现出红色。至此，该恒星已经脱离了主星序，变成了一颗红巨星。如果该恒星的质量足够大的话，那么它甚至有可能会变成一颗红超巨星。

毁灭前最后的挣扎

接下来，这颗恒星将以相对较快的速度耗尽所有剩余的燃料。如果是质量比较小（类似于太阳）的恒星，那么它将会把自身的外层大气逐渐剥离，随着时间的推移，其外层大气将消失殆尽，只剩下一个炽热的核心。在燃料彻底耗尽的情况下，核聚变反应彻底结束，该恒星从而变成白矮星。接下来，白矮星的温度会继续下降，最终它会变成一颗黑矮星。

而质量相对更大的恒星，则不会沉默地灭亡，相反它们的生命将以大爆炸的形式终结，科学家们将这一类大爆炸称为超新星爆发。

质量相对较小的恒星（1）转变成为红巨星（2）；随后它剥离掉自己的外层大气，并且变成了一颗白矮星（3）；随着时间的推移，它最终会变成一颗黑矮星（4）。

（1） （2） （3） （4）

当一颗恒星耗尽其核心内部的氢元素时，它就即将开始毁灭。当然，一颗恒星究竟将以怎样的形式来结束自己的"生命"，这要取决于它本身的质量。

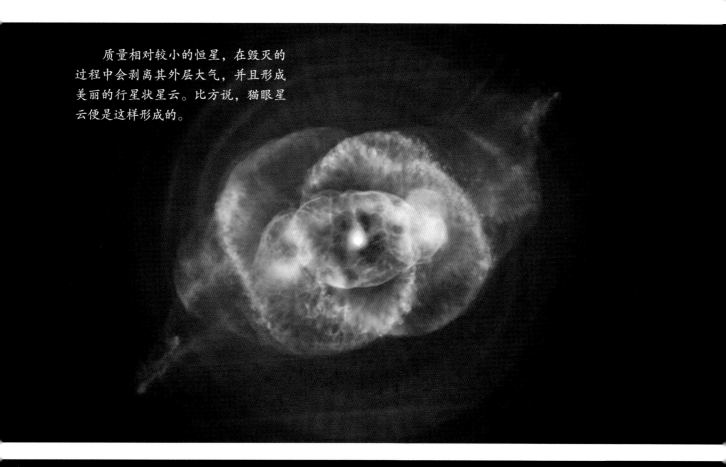

质量相对较小的恒星，在毁灭的过程中会剥离其外层大气，并且形成美丽的行星状星云。比方说，猫眼星云便是这样形成的。

质量相对较大的恒星（1），会变成一颗红超巨星（2），随后发生超新星爆发（3）。最终，这一类恒星会变成中子星或者黑洞（4）。

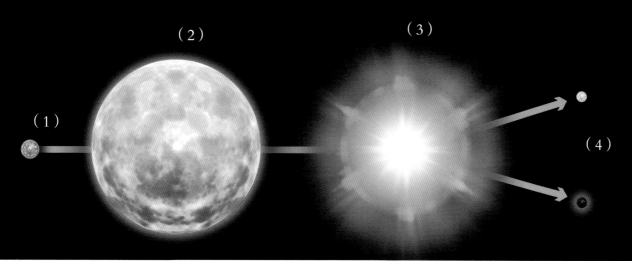

（2）

（3）

（1）

（4）

什么是红巨星?

各式各样的"巨星"

红巨星的体积要比主序星的体积大得多。具体来说，一颗红巨星的半径大约是太阳半径的10~100倍。至于红巨星的亮度，则能够达到太阳的数十倍到数百倍。

红超巨星则更加极端。参宿四是猎户座中的一颗红超巨星，其表面温度大约比太阳表面温度低2000摄氏度，然而其直径却能够达到太阳的1000倍，亮度更是达到了太阳的10万倍。

"氦闪"

当一颗红巨星将其外层的氢元素转化成为氦元素时，后者会聚集在核心上，这一额外增加的质量，会使得核心进一步坍缩，从而导致其温度上升。最终，核心开始将氦元素转化成为碳元素。对于那些质量比较大的恒星来说，它们的氦聚变反应是逐渐开始的；而对于太阳这一类质量比较小的恒星来说，它们的氦聚变反应将在一个爆炸过程——氦闪——中迅速开始。

在红巨星耗尽其核心内部的氦元素之后，它将再次开始坍缩，与此同时，该恒星将自己的外层大气逐渐剥离，那些"残骸"将会形成一个行星状星云。最终，该红巨星将会变成一颗白矮星。

参宿四

红超巨星参宿四形成了猎户座的一个"肩膀"。仅凭肉眼，人类就可以看到这颗红色的天体。

你知道吗?

参宿四是一颗红超巨星，它是猎户座第二明亮的一颗恒星。不过，参宿四已经走上了缓慢毁灭的道路。自从1993年以来，参宿四的直径已经缩小了大约15%，它有可能很快便将迎来超新星爆发。

红巨星是一种体积偏大、亮度较高的红色恒星，不过这一类天体已经接近了它们寿命的尾声阶段。

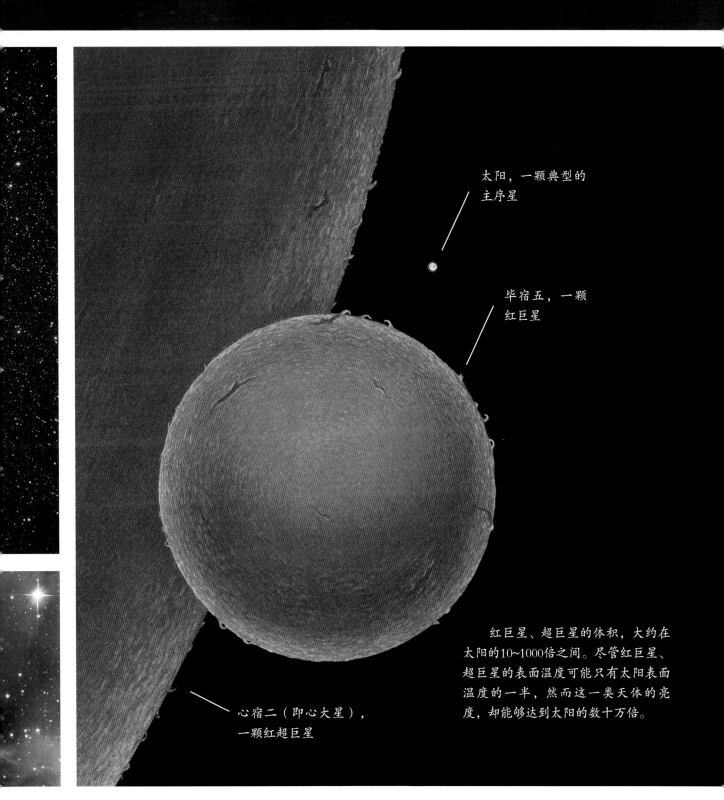

太阳，一颗典型的主序星

毕宿五，一颗红巨星

红巨星、超巨星的体积，大约在太阳的10~1000倍之间。尽管红巨星、超巨星的表面温度可能只有太阳表面温度的一半，然而这一类天体的亮度，却能够达到太阳的数十万倍。

心宿二（即心大星），一颗红超巨星

密度极大的天体

白矮星与宇宙中绝大多数其他类型的天体都截然不同。通常情况下，白矮星的质量大约为太阳的60%，然而它的体积却要比太阳小得多。实际上，白矮星的体积通常与地球相仿，与太阳相比，它显然要小得多。正是由于上述两个原因（质量较大、体积极小），白矮星拥有极大的密度，具体来说，这一类天体的密度，大约为每立方厘米1吨）。在白矮星上，任何物质都会被彻底压碎，以至于科学家们认为，这一类天体极有可能是由碳元素或者氧元素形成的类金刚石（钻石）晶体所构成的。

隐匿的伙伴

白矮星的亮度，大约只有太阳的千分之一，此外，这一类天体的体积也远远小于通常意义上恒星的体积。因此，仅凭肉眼，人类根本看不到白矮星；即便是借助天文望远镜，科学家们依然很难发现这一类天体的存在。

生命的终点

白矮星并不一定是"白色"的，这一类天体的颜色取决于其内部和外部的温度。具体来说，温度最高的白矮星是紫色的，而温度最低的白矮星则是深红色的。随着白矮星年龄的增长，其温度会逐渐下降，而当这一类天体的温度下降到一定程度的时候，它们将无法继续发光。至此，白矮星变成了黑矮星。

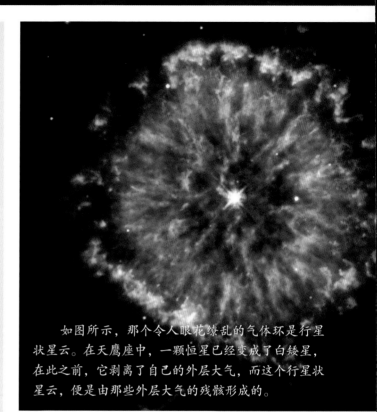

如图所示，那个令人眼花缭乱的气体环是行星状星云。在天鹰座中，一颗恒星已经变成了白矮星，在此之前，它剥离了自己的外层大气，而这个行星状星云，便是由那些外层大气的残骸形成的。

天狼星B（图中箭头所示）是距离地球最近的白矮星，它围绕着天狼星A进行运动，其物质密度达到了水的230万倍。天狼星A是地球夜空中最为明亮的恒星。

在恒星的所有燃料都消耗殆尽之后，其炽热内核被称为白矮星。

位于行星状星云NGC 2440中心位置的白矮星，是人类已知的温度最高的白矮星，其温度高达20万摄氏度。在未来数百万年的时间里，该白矮星的温度将会逐渐下降，最终会变成一颗黑矮星。

太阳最终将会拥有怎样的结局？

在自身寿命的尾声阶段，太阳将变成一颗红巨星，它的外层甚至能够膨胀到如今的地球轨道附近。当然，即便地球能够存活下来，届时它也必定不再适合生命生存了。幸运的是，至少在未来50亿年的时间里，太阳还不会变成一颗红巨星。

对于人类来说，没有什么比太阳更加重要、更加值得信赖的了。每天早晨，太阳都会从东方升起，它无私地将自己的光和热量分享给地球上的万物；每天晚上，太阳又会从西方落下，随后满天星斗才会闪烁夜空。然而尽管如此，我们依然需要清楚一点，那就是有朝一日太阳也会走到其寿命的尾声阶段，在这个方面，我们这个"万物的主宰"与其他恒星并不

存在本质性的区别。

一个漫长的中年岁月

根据太阳的质量，科学家们就能够推测出其大概的寿命，以及它具体的毁灭形式。在大约46亿年以前，太阳开始发光、发热。时至今日，太阳依然还拥有足够多的燃料，按照过去、现在的形式，它还能继续闪耀50亿年。简

而言之，太阳正处在其漫长寿命中的"中年阶段"，不过早晚有一天，它会经历某些剧烈的变化。

与所有主序星类似的是，太阳也是通过其核心内部氢元素的核聚变反应来产生能量的。当其寿命达到100亿年（即中年阶段末期）时，太阳将会把其核心内部的氢元素消耗殆尽，随后核聚变反应将会转移到核心外围的薄壳中进行，整个恒星将先收缩，尔后又向外膨胀。太阳的膨胀，将导致其外层向宇宙空间拓展。根据科学家们的推测，届时它的外层甚至有可能会拓展到目前地球在太阳系中所处的位置。随着表面温度的不断下降，太阳将会变得更加明亮，同时颜色也变得更红，它必将变成一颗红巨星。

从"巨人"到"侏儒"

在太阳变成一颗红巨星之后，它极有可能会吞噬地球。当然，一旦太阳接近自己寿命的尾声阶段，那么地球上肯定也已经不再适合生命存在了。与其他质量偏小的红巨星类似的是，太阳最终也会开始把氦元素转化成为碳元素。

接下来，太阳将会逐渐剥离其外层大气，并且将会因此而形成一个行星状星云。而在核聚变反应彻底结束之后，只有炽热的核心得以保留下来，届时太阳将会变成一颗白矮星。太阳还会以白矮星的状态继续存在数十亿年，在这一过程中，其温度会持续下降，并且最终变成一颗黑矮星。在自身寿命结束之后，太阳会变成一个黑暗的、毫无生气的球体，默默地存在于宇宙空间当中。

当太阳耗尽自身的所有燃料之后，它将停止发光，并且最终将会变成一颗黑矮星。形象地说，太阳届时将会变成一颗漂浮在宇宙空间中的"黑煤渣"。

41

恒星的落幕

这是一张半人马座中恒星的照片（下图），它充分展示出了超新星爆发的巨大威力。在右图中（箭头位置所示），我们可以清晰地分辨出，在一个遥远星系当中发生的超新星爆发，而在左图中我们却看不到没有发生超新星爆发的恒星。总的来说，超新星爆发所产生的亮度，能够比某些星系的亮度更高。

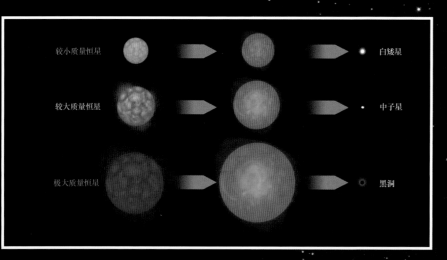

较小质量恒星	→		→	白矮星
较大质量恒星	→		→	中子星
极大质量恒星	→		→	黑洞

恒星结束"生命"的形式不止一种，而一颗恒星到底以怎样的形式"寿终正寝"直接取决于它的质量。对于太阳这一类质量相对较小的恒星来说，它们将以白矮星的形式结束自己的"生命"。质量相对较大的恒星，则将以高密度的中子星的形式结束自己的"生命"。而质量极大的那一类恒星，则将以黑洞的形式来结束"生命"。黑洞拥有强悍无比的引力场，即便是连光都无法逃过它的吸引。

NGC 6302是一个位于天蝎座的行星状星云，它距离地球大约有4000光年。某颗红巨星剥离自身的外层大气，这一过程形成了两股巨大的、类似于蝴蝶翅膀的羽毛状气体流，并最终形成了NGC 6302行星状星云。而当那颗红巨星失去其所有外层大气之后，它的温度将缓慢下降，并最终变成一颗白矮星。

　　矮星系NGC 1569（上图）距离地球很近，其内部充满了明亮的新生恒星。当超新星爆发所产生的冲击波在尘埃和气体云中形成密集的气穴时，这些恒星就有可能形成了。值得关注的是，矮星系NGC 1569中最大的那些恒星，也将在相对较短的时间内发生爆炸，而在那些超新星爆发产生的冲击波所形成的气穴中，将会再次诞生出新恒星，该循环也将以这样的一种形式持续下去。

什么是超新星爆发？

不同的恒星结束自己生命的形式也各不相同。具体来说，质量相对较小的恒星，将以红巨星的形式结束自己的生命，它最终会变成一颗白矮星。而那些质量更大的恒星，则将在生命的尽头走上截然不同的道路，这一类恒星将变成红超巨星，并且最终以剧烈爆炸的形式结束自己的生命，科学家们将这一过程称为超新星爆发。

光芒万丈的超新星

当一颗恒星发生超新星爆发时，在其逐渐消失在宇宙中之前，它的亮度有可能达到太阳的数十亿倍；在其亮度最高的时候，这一类天体甚至可能会比那些包含有数十亿颗恒星的完整星系还要更加明亮、耀眼。绝大多数超新星，都会在爆炸之后的1~3周内达到自己亮度的最高值，在随后几个月的时间里，它将持续向宇宙发出耀眼的光芒。

剧烈的爆炸，将以大约每秒钟3.2万公里的速度，将一团巨大的气体抛向宇宙中，该气体团在一个小时之内便能够运行1.16亿公里。具体来说，超新星爆发这一过程所抛出物质的质量，有可能超过太阳质量的10倍。

极为罕见的光华

超新星爆发能够释放出惊人的巨大能量，不过，这一类情况还是非常罕见的。在一个典型的星系中，平均每100年才会发生一次超新星爆发。1604年，德国天文学家约翰内斯·开普勒观测到了一次超新星爆发，那也是在我们所处的这个银河系当中距今最近的一次超新星爆发。通常情况下，发生在银河系之外的超新星爆发对地球的影响微乎其微，如果不借助天文望远镜的话，人类凭借肉眼根本就无法观测到这一过程。当然这也不是绝对的，因为在1987年，距离银河系很近的一个星系中发生了一次超新星爆发，在随后长达数周的时间里，夜空中一直闪烁着那颗明亮的星星。

银河系内部的下一次超新星爆发，极有可能来自于参宿四，目前它还是一颗红超巨星。参宿四距离地球只有640光年左右，以如此之近的距离，天文学家可以断定，一旦该天体发生超新星爆发，那么其在夜空中的亮度，将能够在连续数周的时间内超过月亮。

在一个旋涡星系内，大概每100年便会发生1次超新星爆发。然而值得关注的是，自从1999年以来，NGC 2770星系已经发生了3次超新星爆发；其中的2次，在2008年所拍摄到的照片中依然在发射出耀眼的光芒。

SN2008D

SN2007uy

SN1999eh

超新星爆发是一种剧烈的大爆炸，对于绝大多数大质量恒星来说，这一过程标志着它们的毁灭。

科学家们将发生于1987年的一次超新星爆发命名为SN1987A，那也是在最近400年的时间里亮度最高的恒星爆炸。虽然SN1987A这次超新星爆发发生在另外一个星系当中，然而人类依然可以凭借肉眼轻而易举地在地球上看到该过程所发射出的光芒。本图是一张X射线、光学成像的合成图，这次超新星爆发所遗留下来的残骸，位于本图的中心位置。

SN1987A超新星爆发产生出了强悍有力的冲击波（左侧、上方的艺术插图）。当与周围的气体发生碰撞时，冲击波将气体的温度提升了数百万摄氏度。

超新星爆发的诱因是什么？

当一颗恒星变成一颗红超巨星时，它已经耗尽了自己核心内部的所有氢元素。随着核心的坍缩，其内部温度逐渐升高，红超巨星通过氦聚变反应，将氦元素转化成为碳元素。从这一刻开始，红超巨星的内部燃料消耗的速度开始加快，并且依次生成原子量越来越大的化学元素。值得一提的是，每一次核心内部融合某一种特定化学元素的反应过程结束之后，该反应又会在随后的时间里继续在核心外围的薄壳中重新启动。

"凶手"：铁元素

每生成一种原子量更大的化学元素，红超巨星消耗燃料的速度就越快，生成新化学元素的速度也就越快。一颗质量相当于太阳质量25倍的红超巨星，大约需要70万年才能彻底"熔化"氦元素，碳元素的"熔化"时间则为1000年，氖元素的"熔化"时间约为9个月，氧元素的"熔化"时间约为4个月，而硅元素的"熔化"时间则大约只需要1天。当核心内的所有硅元素都被"熔化"成为铁元素的时候，该恒星的命运就已经无

你知道吗？

早在公元1054年，中国的天文学家们便已经记录下了一次异常明亮的超新星爆发，当时他们将其命名为客星。在长达23天的时间里，客星即便是在白天都明亮可见。

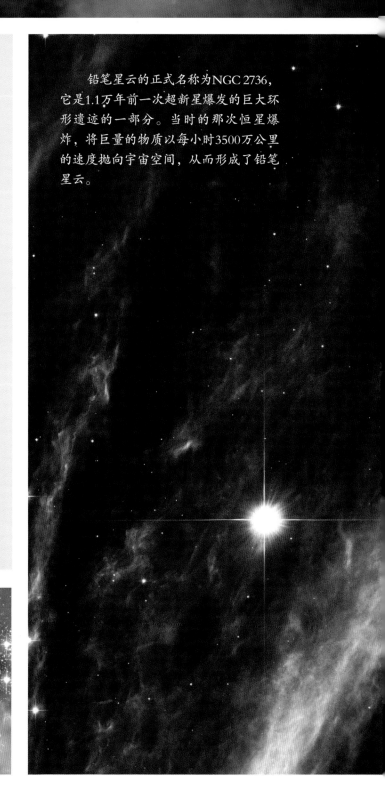

铅笔星云的正式名称为NGC 2736，它是1.1万年前一次超新星爆发的巨大环形遗迹的一部分。当时的那次恒星爆炸，将巨量的物质以每小时3500万公里的速度抛向宇宙空间，从而形成了铅笔星云。

通过核聚变反应，红超巨星生成的化学元素的原子量越来越大。而当
红超巨星的核心变成了铁元素之后，它就会发生坍缩、并最终爆炸。

法更改了。这是因为，继续"熔化"铁元素只会消耗能量而无法释放出能量，这直接导致"熔化"过程彻底失败，而恒星也不可避免地向内坍缩。

冲击波

随着核心的坍缩，它的温度将急剧上升到令人震惊的100亿摄氏度。当核心缩小到半径10公里左右时，它会像一个承压的实心橡胶球那样"回弹"。在不到1秒钟的时间里，核心的"坍缩""回弹"先后依次发生。

当核心"回弹"时，它会通过恒星的外层大气释放出一股强大无比的冲击波，其内部蕴含的巨大能量，能够使得恒星外层的化学元素转化成为原子量更大的化学元素。随后，这股冲击波将会以惊人的速度将这些新的化学元素抛向宇宙空间。

只要趋向于中心方向的引力等于辐射产生的从内向外的推力（1），那么恒星就能够一直保持在稳定状态。而当恒星将其核心内部的燃料转化成为铁元素之后，核聚变便无法继续进行下去了。也正是由于这样的一个原因，向外的推力彻底消失，核心因此而发生坍缩，随后它将以巨大的能量爆炸（3）。

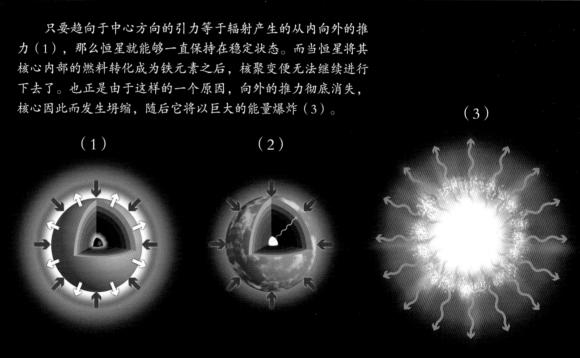

（1）　　　　　　（2）　　　　　　　　　　（3）

巨大的恒星以惊人的速度向四面八方的宇宙空间抛射各种物质，随后它在剧烈的爆炸中走向自己生命的终点。值得关注的是，这一类剧烈爆炸能够导致新恒星的诞生。总而言之，我们这颗行星（地球）上的所有生命，都源于一颗大质量恒星的毁灭。

星云和冲击波

在一颗红超巨星发生超新星爆发的过程中，它会向宇宙空间发射出冲击波。当冲击波穿透星云中的尘埃和气体时，它会将那些物质聚集在一起。与此同时，冲击波还会向星云内"注入"一些原子量较大的化学元素。当一颗原恒星形成时，它吸附、聚集了很多已毁灭恒星的残骸。科学家们坚信，太阳系就极有可能是以这样的形式形成的。

我们的行星（地球）

构成我们这颗行星的绝大部分物质，都是由超新星爆发所"创造"和"输送"的。地球的内部由铁和镍这两种金属元素构成，而如果不是超新星爆发的话，那么铁元素仍然会

如果没有锗、砷、碲等原子量较大的化学元素，那么现代电子技术就不可能真正发展起来。而所有这些原子量较大的化学元素，都是在超新星爆发的过程中产生出来的。

太阳系也有可能是由超新星爆发形成的。在我们所处的地球上，一切都是由超新星爆发所产生的物质构成的。

建设图中这座桥所用到的铁元素，曾经是某颗红超巨星铁质核心的一部分。一次剧烈的超新星爆发，将这些铁元素抛向宇宙空间，历经辗转之后，它们成了构成我们这颗行星——地球——岩石的一部分。

被"困"在垂死的恒星内部。当超新星爆发所产生的冲击波穿透恒星的外层大气时，就产生出了镍元素。实际上，所有原子量比铁元素更大的化学元素，包括金、铂、银等贵金属元素，都是在超新星爆发的过程中产生的。

生命不可缺少的微量元素

人类赖以生存的很多微量元素，也都是在超新星爆发的过程中产生的。举例来说，使我们人类的血液呈现出红颜色的铁元素，就曾经位于某些垂死恒星的核心；龙虾、鱿鱼、章鱼等动物依赖的不是铁元素，而是铜元素，因此这一类动物的血液并非是红色的，而是蓝色的。铜元素同样是在超新星爆发的过程中产生的。众所周知，没有铜、碘、锌等微量元素，人类就根本无法生存。值得关注的是，上述提及的这些微量元素，原子量都要比铁元素更大，当超新星爆发所释放出来的冲击波穿透垂死恒星的外层物质时，核聚变反应生成了这些新元素。

我们的血液之所以是红色的，是因为在血液中占主导地位的红细胞是红色的，而红细胞正是依赖铁元素来携带氧气的。通过融合（结合）硅原子，恒星能够生成铁原子。至于马蹄蟹等动物的蓝色血液，则是受铜元素的影响。值得一提的是，铜元素只可能在超新星爆发中产生，当强悍的冲击波将一颗垂死恒星的残骸穿透、撕碎时，铜元素才能够产生。

超新星——宇宙的焰火

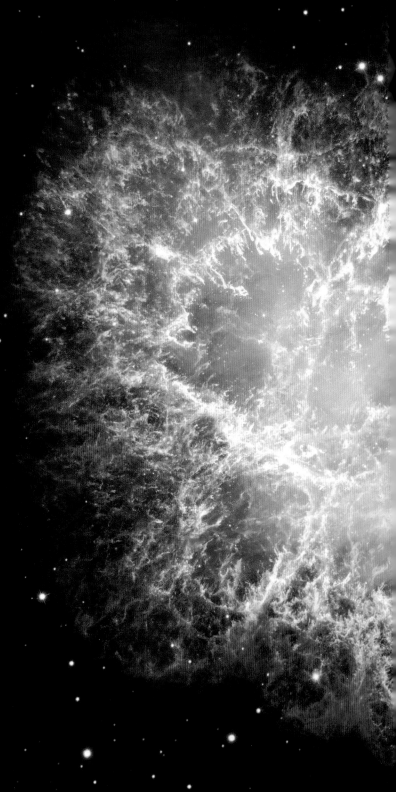

1054年的一次剧烈、明亮的超新星爆发，形成了蟹状星云。这次超新星爆发是如此的明亮，以至于即便是在白天，地球上的人们也能清楚地看到这一过程。而到了晚上，这次超新星爆发的亮度，要比除月球之外的任何天体都更加明亮，在长达两个月的时间里，它始终保持着肉眼可见的亮度状态。今天，科学家们在蟹状星云的中心位置上发现了一颗正在快速旋转的中子星，人们将其命名为蟹云脉冲星，它正是千年以前发生剧烈爆炸的那颗大质量恒星的核心。

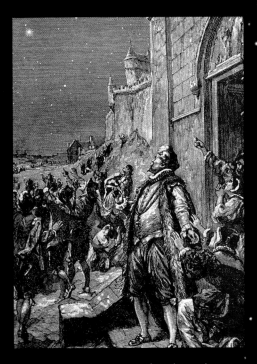

1572年，丹麦天文学家第谷·布拉赫观测到了一次仙后座异常明亮的超新星爆发，他的这一发现，有助于驳斥柏拉图的"天体是不变的永恒存在"的原理。

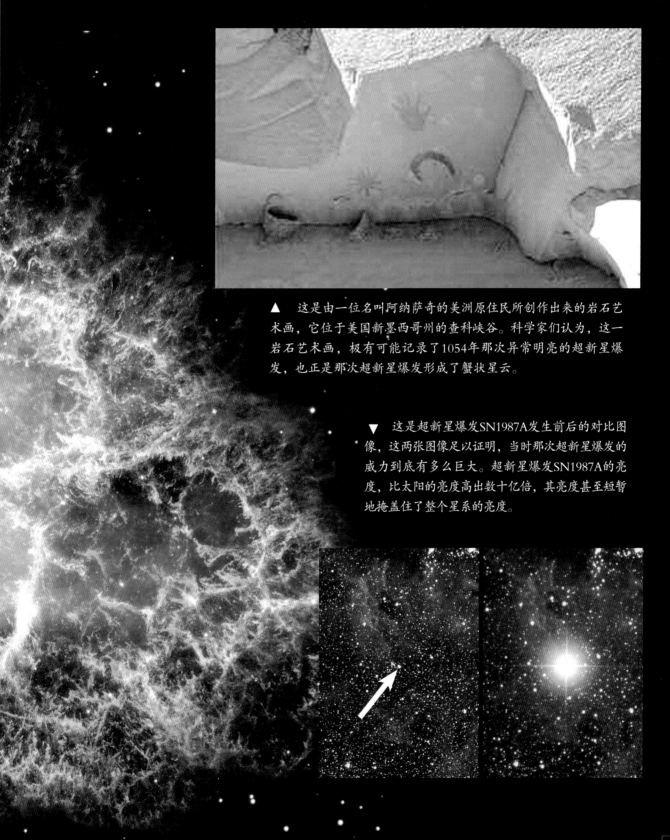

▲ 这是由一位名叫阿纳萨奇的美洲原住民所创作出来的岩石艺术画，它位于美国新墨西哥州的查科峡谷。科学家们认为，这一岩石艺术画，极有可能记录了1054年那次异常明亮的超新星爆发，也正是那次超新星爆发形成了蟹状星云。

▼ 这是超新星爆发SN1987A发生前后的对比图像，这两张图像足以证明，当时那次超新星爆发的威力到底有多么巨大。超新星爆发SN1987A的亮度，比太阳的亮度高出数十亿倍，其亮度甚至短暂地掩盖住了整个星系的亮度。

在某颗恒星发生超新星爆发之后，它不会将自身的所有物质全部抛向宇宙空间。尽管超新星爆发能够产生令人难以置信的破坏力，但恒星核心的绝大部分物质依然被保留了下来。在超新星爆发之后，大多数恒星都会留下一类特别的天体，其密度大得令人难以置信。科学家们将这一类的天体，称为中子星。

大坍缩

只有初始质量超过太阳10倍甚至更多的大质量恒星，才会在超新星爆发之后变成中子星。虽然这些大质量恒星会在超新星爆发的过程中失去自身的绝大部分物质，然而它们留下的核心依然能够达到太阳质量的1.4~3倍。中子星的密度是如此之大，以至于其所有物质都被"压缩"进了一个直径为19公里的空间。如果以地球上的实物来进行类比的话，那么1汤匙中子星物质，其质量就能达到3000艘航空母舰的总和。也正是由于拥有大到令人惊讶的质量，中子星才会呈

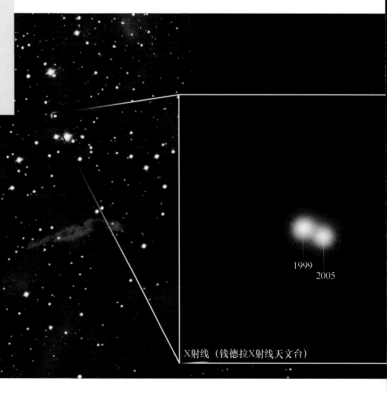

在地球上，1汤匙中子星物质，其质量能够达到3000艘航空母舰的总和。

在恒星发生剧烈爆炸之后，一颗中子星从超新星爆发（右图）中被"驱逐"出来，它以极快的速度从星云的左侧离去。通过记录、绘制该中子星最近6年的位置（如右图所示），天文学家们可以确定，它的移动速度超过了每小时480万公里。

1999
2005

X射线（钱德拉X射线天文台）

中子星拥有大到令人难以置信的密度，它是大质量恒星在超新星爆发之后遗留下来的旋转核心。

现出某些不同寻常的特性。

"破碎"的原子

中子星所产生的强大引力场，是地球上最强大磁铁的数百万倍之多，如此强大的引力能够将质子、电子强行压缩在一起并最终形成中子（质子、电子、中子都是原子内部的微小粒子）。科学家们坚信一颗中子星的内部主要是由中子构成的；至于其表面，则是由原子核、电子以及其他粒子所共同构成的固体外壳。

中子星释放X射线

中子星表面的最高温度可以达到1000万摄氏度，当然，很快其温度就会下降到大约100万摄氏度。中子星很少发射出可见光，然而这一类天体会发射出大量的X射线。通过特殊的天文望远镜，科学家们可以观测到中子星发射出的X射线。通过"监听"某些中子星产生的无线电波脉冲信号，天文学家首次对中子星进行了探测，而这一类产生无线电波脉冲的中子星，被科学家们称为脉冲星。

很多中子星都能发射出无线电波。由于中子星始终处于旋转的状态，因此这一类天体所发射出来的无线电波，呈现出规则的脉冲。

什么是脉冲星？

在浩瀚无垠的宇宙深处，某些天体所发射出来的无线电波会产生有节奏的脉冲，其频率如钟表那般精准。这一类无线电脉冲信号，平均每秒钟出现2次，不过某些特殊的信号发射源，其脉冲信号却有可能达到每秒钟出现数百次之多。科学家们认为，这些无线电波脉冲信号来自于脉冲无线电星，即脉冲星。

"宇宙灯塔"

自从诞生的那一刻开始，中子星便持之以恒地进行旋转，其旋转速度非常快。具体来说，中子星的旋转速度，要比其"母星"（即其前身——恒星）更快。这是因为，这一类天体已经剥离了它们的外层大气。形象地说，中子星就好像那些将手臂收紧的花样滑冰运动员，这样能够让她们在冰面上更快地旋转。

绝大多数中子星都拥有强大的磁场，因此这一类天体能够产生出无线电波。引力场能够将中子星表面的物质撕裂成电子（带有负电荷的亚原子粒子）以及质子（带有正电荷的亚原子粒子），这一过程能够在中子星的磁极产生无线电波和其他形式的电磁辐射。由于中子星处于不停旋转的状态，因此无线电波才会以脉冲的形式抵达地球。简而言之，脉冲星就像灯塔一样，将无线电波送入宇宙空间。

走时准确的"钟表"

脉冲星旋转一周所需要的时间，称为周期。随着时间的推移，脉冲星的旋转速度会逐渐变慢，而这一速度的变化率是可以计算的。因此，科学家们可以通过这种方法来确定某个脉冲星的年龄以及它还能存在多长时间。

乔瑟琳·贝尔·伯奈尔是一位英国女天文学家。1967年，她通过仔细观测来自于宇宙空间的无线电波，首次发现了脉冲星。

你知道吗？

天文学家们普遍认为，地球上的生命不太可能会被超新星爆发所毁灭，至少在可以预见的未来不会。这是因为，只有在距离地球30光年范围内的超新星爆发所产生的辐射对于人类来说才算得上致命。不过现在看来，在未来数百万年的时间里，所有距离地球60光年范围内的恒星，都不太可能发生超新星爆发。

脉冲星是一类快速旋转的中子星，这一类天体能够将无线电波束发射到宇宙空间。

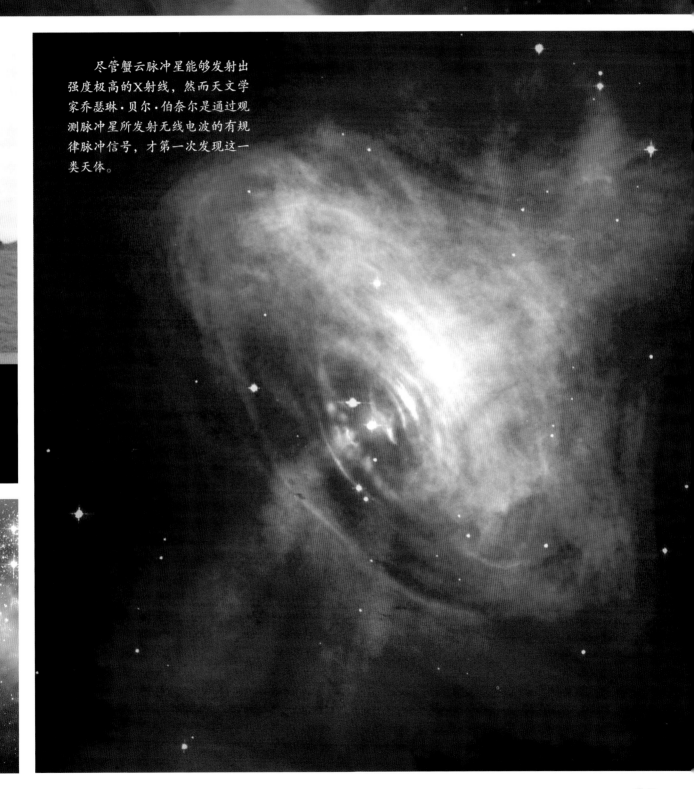

尽管蟹云脉冲星能够发射出强度极高的X射线，然而天文学家乔瑟琳·贝尔·伯奈尔是通过观测脉冲星所发射无线电波的有规律脉冲信号，才第一次发现这一类天体。

在一颗红超巨星经历了超新星爆发之后，其绝大部分致密的核心依然得以保留。在这一阶段，如果核心的质量小于太阳质量的3倍，那么它就会形成一颗中子星。而一旦核心的质量大于太阳质量的3倍甚至更多，那么引力的作用会使得它向内坍缩，直到彻底变成一个"点"。这个"点"的引力场强度无比强大，以至于没有任何物质能够逃离它的吸引，甚至连光也不例外。至此，之前的那颗恒星，就变成了一个黑洞。

挑战传统自然法则

黑洞是自然界甚至是宇宙中最为极端的"物体"。想象一下，一颗质量、体积都远大于太阳的超大质量恒星，其大部分物质最终被压缩成为一个比原子还要小得多的"点"，那么这个"点"将是一种怎样的存在？科学家们将这个"点"称为奇点。

在奇点周围，黑洞形成了一个被称为事件视界的表面。不过需要指出的是，这个特殊的表面既不可见，也不可触碰。那么，这是一个怎样的表面呢？在事件视界这个表面上，黑洞的引力比其他任何形式的力都要更加强大，包括光在内，所有到达这个表面的物质都会彻底、永远地消失。事件视界的半径取决于中心区域奇点的质量。通过观察黑洞附近恒星的运行轨道，科学家们就能够确定黑洞内奇点的质量。奇点的质量越大，黑洞对于附近恒星的引力也就相应的越大。

寻找"看不见的"黑洞

由于光无法逃离黑洞，因此科学家们从来没有直接"看见"过这一类神秘的天体。然

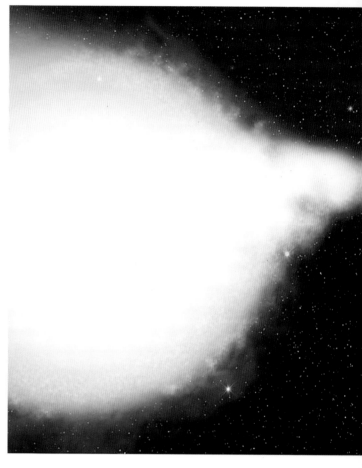

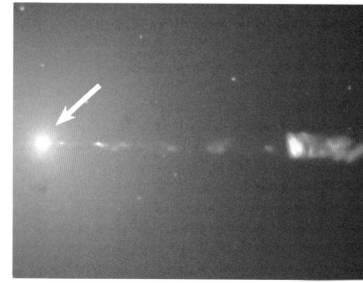

当一颗超大质量恒星最终坍缩成为宇宙中的一个微小的"点"时，它就成了黑洞。即便是光都无法逃离黑洞引力的吸引。

天鹅座X-1是一个高强度的X射线发射源，科学家们坚定地认为，那种情况只可能由黑洞产生。一如某位艺术家所创作的这张插图所示，该黑洞不断地从其伴星那里吞噬气体。

而，在某种情况下黑洞会存在于一个双星系统中，这给天文学家对其进行研究提供了条件。所谓双星系统，指的是两颗相邻的恒星在各自的轨道上围绕着它们共同质量中心进行运转的恒星系统，在这样的一个恒星系统中，黑洞会不断地从相邻恒星那里"掠夺"、吞噬气体。当吸积盘中的气体向事件视界进行旋涡运动时，它们的温度会急剧上升至过热状态，同时也会向宇宙空间发射出高强度的X射线。通过特殊的天文望远镜，科学家们可以探测到这些X射线。在那些能够发射出这类X射线的恒星系统中，大质量的恒星往往都会围绕着一个"看不见的伙伴"进行快速旋转。可以肯定的是，那个"看不见的伙伴"必定拥有巨大的质量，与此同时它们似乎又没有占据任何宇宙空间。科学家们坚信，双星系统中的这一类"看不见的伙伴"，就是黑洞。在我们所处的这个银河系中，就有可能存在着数百万个黑洞。

这是一张由哈勃空间望远镜所拍摄到的照片。如图所示，位于M87星系中心位置的超大质量黑洞（左图箭头所指位置），正在喷射出一股炽热的等离子射流。

在银河系中心位置上，存在着一个超大质量黑洞（箭头所指位置），科学家们将其命名为人马座A*。如图所示，该黑洞周围的炽热气体，正在向外发射出X射线。

太阳是一个庞大星系中的一部分，不过客观地说，太阳与很多恒星都不太一样，因为其附近没有伴星的存在——最近的"邻居"也在遥远的数光年以外。实际上，很多恒星都是一个较大"集团"当中的一员，科学家们将这一类"集团"命名为星团。

宇宙中的"同路人"

在一个星团内部，恒星之间是通过引力的相互作用才"连接"在一起的。在引力的相互作用下，星团中的恒星将以类似的形式，"成群结队"地在宇宙空间中运动。此外，同一个星团中的恒星，在化学成分方面也是非常相似的。这是因为，最初它们都诞生于同一团气体。大体上来说，同一个星团中的恒星，都是差不多同时诞生的。

疏散星团

具体来说，星团主要分为两类。一类被称为疏散星团，这类星团通常只包括数百颗恒星，恒星之间也不像其他星团那样被引力作用紧紧地"捆绑"在一起。随着时间的推移，疏散星团有可能会在其他天体的引力作用下分崩离析。

疏散星团相对来说比较年轻，在某些情况下，它们中的某些特殊个体可能只有数百万年的历史。疏散星团内的恒星都来自于同一个星云，科学家们认为，这一类星团的形成，往往都始自于超新星爆发所产生的冲击波。在超新星爆发过后，冲击波携带有原子量更大的化学元素，这是疏散星团得以形成的物质基础。今天，当科学家们观察疏散星团时，他们发现了这些原子量更大的化学元素存在的蛛丝马迹，该发现足以证明，这些元素已经成为疏散星团中恒星的一部分。

如图所示，球状星团NGC 6093将成百上千颗恒星聚集在了一个直径约为95光年的空间当中。

疏散星团通常包含有数百颗恒星，大体上它们都是在同一时间、同一地点诞生出来的。

所谓星团，是一大组恒星通过相互之间的引力作用而聚集在一起的一种天体组织结构。

球状星团

第二类星团被命名为球状星团，大多数这一类星团的历史，几乎与宇宙一样古老，它们大约已经度过了130亿年的漫长岁月了。在一个宽度只有数十光年的宇宙空间范围内，球状星团包含数十万甚至数百万颗恒星。在球状星团内，恒星几乎不包含那些因超新星爆发而产生的更大原子量的化学元素。实际上，当星系碰撞导致气体云坍缩从而引发大批量恒星"爆发式"诞生的时候，很多球状星团便已经形成了。

如图所示，一个疏散星团围绕着耀眼的行星状星云NGC 2818，该行星状云距离地球大约1万光年。

什么是星系？

在宇宙空间中，恒星并非是独立存在的个体，实际上它们通常都与数十亿个同类共同组成了一个巨大的空间结构，科学家们将这样的结构称为星系。星系的跨度有可能会超过10万光年。

星系的分类

星系的形状各不相同。根据形状来进行划分，有些星系的形状像一个圆盘，这一类星系略微凸起的中心区域以及周围的旋臂，都是由恒星构成的，科学家们将此类星系命名为旋涡星系。旋涡星系的圆盘直径从1万光年到10万光年不等，旋臂中的恒星围绕星系中心运动，它们通常需要数亿年才能绕轨道运行一周。我们所处的这个银河系，是一个棒旋星系。棒旋星系是一种特殊的旋涡星系。

还有一类星系被命名为椭圆星系，这一类星系看起来像一个球体，这与其他类型星系的扁平形状截然不同。椭圆星系内每一颗恒星的运行轨道共同决定了这一类星系的形状。当两个或者多个旋涡星系发生相互碰撞时，就有可能形成椭圆星系。

除了旋涡星系、椭圆星系之外，其他星系的形状大多都是不规则的，因此科学家们很难将它们进行归类、命名。这种类型的星系往往相对比较小，它们大多都围绕着其他较大星系进行特殊的轨道运动。

宇宙空间中的建筑

在宇宙空间中，星系极少孤立存在，实际上，它们经常与成百上千个同类共同构成一个更大的结构。值得关注的是，在整个宇宙空间中，存在有几十亿个甚至是几万亿个星系，每一个星系内都包含有数十亿颗恒星。

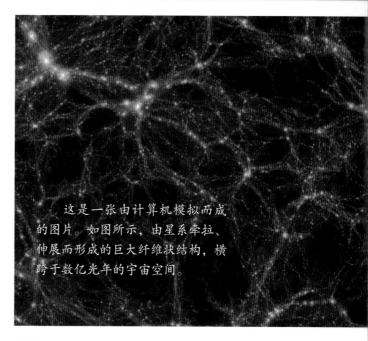

这是一张由计算机模拟而成的图片。如图所示，由星系牵拉、伸展而形成的巨大纤维状结构，横跨于数亿光年的宇宙空间。

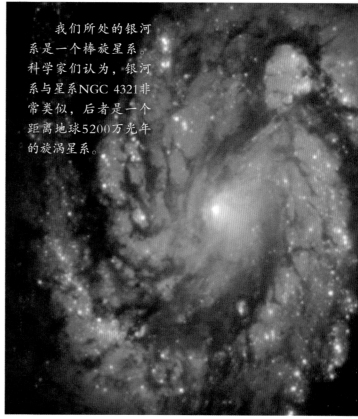

我们所处的银河系是一个棒旋星系。科学家们认为，银河系与星系NGC 4321非常类似，后者是一个距离地球5200万光年的旋涡星系。

星系是一种由恒星、气体以及其他物质所共同构成的巨大结构，星系内的所有物质，都是通过相互之间的引力作用而聚集在一起的。

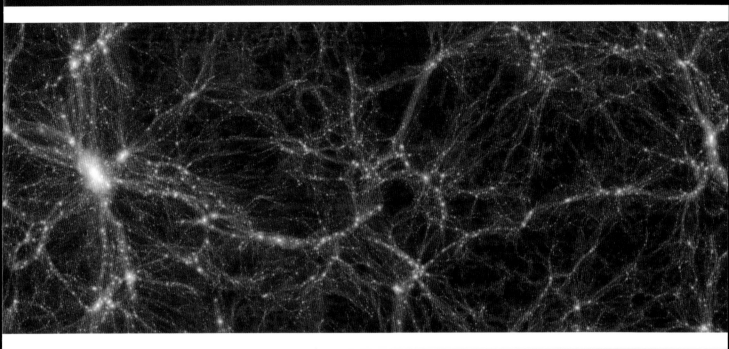

星系之间相互吸引，它们甚至有可能会发生碰撞，而这样的碰撞则会进一步促使新生恒星爆发式诞生。如本图所示，右侧星系中的蓝色恒星环，极有可能是在被左边星系穿透之后形成的。

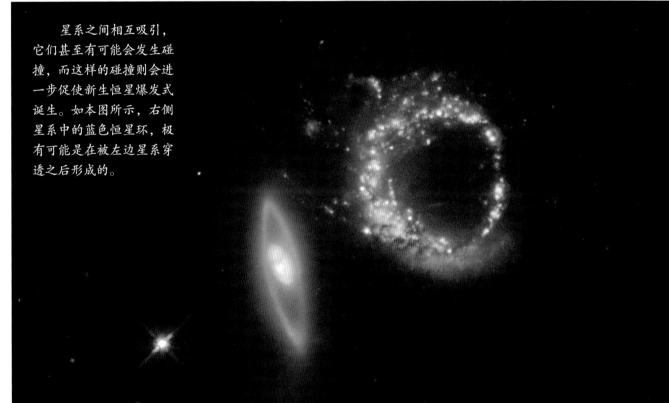